■ はじめに

　コミケに集う人々をはじめオタクな人たちは，どこか世間の人と雰囲気が違う．その違いは実用性を問うか否かに現れている．オタクな人々は生活で必要なものは欲しない．そのかわり「萌え」に命をかけ全収入を注ぎ込む．このような人種は以前も存在した．そう，貴族階級の人間にこのようなタイプがいたのである．言い換えればオタクは現代の貴族なのである．残念なことに現代の貴族たるオタクの大半は，2次元幼女にばかり萌えている．しかし暗黒通信団のブースにきてこの本を手にとっているあなたのことだ，2次元萌えとは別の萌えに飢えているはずだ．そして知っているはずだ，数学は2次元幼女以上に萌えることを．特に整数に関することは萌え要素が強い．昔々，フェルマーとかオイラーとかガウスとかいう偉大なオタクたちがいて，整数に萌えまくっていた．この本は彼らの萌えのエッセンスを一口サイズにしたものだ．食欲とは不思議なもので最初の一口が美味しければあとは勝手に手が動きフォークとナイフを口に運ぶ．この本で食欲がわいた方たちのためにこの本の終わりに参考文献をつけておく．なにを隠そうこの本はこれらメインディッシュのための前菜なのである．さあ，そこの，整数論はちょっとやる時間がなかったな，という理系諸君，意欲のある高校生諸君，本棚を珍奇な本で埋め尽くしたい文系諸君，はたまた暇をもてあましているニート諸君，たまにはこんな本もいかが？

1　合同方程式

　カレンダーをみると日付を 7 で割った余りが曜日を決定することがわかるだろう．その考えを一般化したものが合同式である．合同式が現れる方程式を合同方程式という．なお論理に関するところは標準的な口調にしておいた．でないと読みにくいからだ．しかしひょこひょここの口調もあらわれる．メタフィクションの傑作，太宰治の「道化の華」を知っておられる方がいればニヤニヤされるかもしれない．

a,b を整数として m を自然数とする. $a-b$ が m の倍数になっているとき a と b は m を法として合同であるといい $a \equiv b \pmod{m}$ と書く.

周知のように $\equiv$ は整数全体の集合 $\mathbb{Z}$ に同値関係を定め, その剰余環を $\mathbb{Z}/(m)$ と書く.

定義 1.1. n 次整係数多項式 $f(x) \in \mathbb{Z}[x]$ に対して $f(x) \equiv 0 \pmod{m}$ という方程式を n 次合同式という.

$x_1 \equiv x_2 \pmod{m}$ のとき $f(x_1) \equiv f(x_2) \pmod{m}$ であるから, 合同式の解は $\mathbb{Z}/(m)$ の中で考えることにする.

定理 1.2. 一次合同式 $ax \equiv b \pmod{m}$ は $(a,m) = 1$ のとき $\mathbb{Z}/(m)$ において唯一つの解をもつ. ここで (a,m) は最大公約数を意味する.

証明. $x_1, x_2, \cdots, x_m \in \mathbb{Z}$ を $\mathbb{Z}/(m)$ の代表系とすれば, $ax_1, ax_2, \cdots, ax_m$ も代表系である. 何故ならもし $ax_i \equiv ax_j$ ならば $a(x_i - x_j) \equiv 0$ となる. $aX + mY = 1$ となる整数 X, Y をとる. すると $(aX + mY)(x_i - x_j) \equiv 0$ となるので $x_i - x_j \equiv 0$ となるので $i = j$ となる. よって ax_i のどれか一つのみ b と合同になる.

この結果を $(a,m) = d\ (>1)$ の場合に拡張するために合同式の除法（に相当するもの）を準備する.

定理 1.3. $ac \equiv bc \pmod{m}, (c,m) = d$ と仮定する. このとき $m = dm'$ とおけば $a \equiv b \pmod{m'}$ が成立する.

証明. $(a-b)c = mt$ の形となり $c = dc'$ とおけば $(c', m') = 1, (a-b)c' = m't$ となるので $a - b$ は m' で割り切れなければならない.

定理 1.4. 一次合同式 $ax \equiv b \pmod{m}, (a,m) = d\ (\geq 1)$ は, b が d で割れるときのみ解を有する. このとき解は d 個存在する.

証明. もし解があるとすれば, $ax - b = mt$ と書けるのだから, $b = ax - mt$

整数論のための前菜

Projective X

暗黒通信団

となり b は d で割り切れなければならない．逆に $b = b'd$ とすると，$a = a'd$ として $a'xd \equiv b'd \pmod{m}$ なので，前定理から $a'x \equiv b' \pmod{m'}$ が従う．$(a', m') = 1$ だからこの一次合同式は $\mathbb{Z}/(m')$ に唯一つの解をもつ．x_0 を $\mathbb{Z}$ での解のひとつの代表とすると $x = x_0 + m't$ の形で代表されるものも解を表す．$t = 0, 1, 2, \cdots, d-1$ を動くとき，もともとの方程式 $ax \equiv b \pmod{m}$ の $\mathbb{Z}/(m)$ での異なる解を代表する．

定理 1.5. $m_1, m_2, \cdots, m_k$ がどの二つをとっても互いに素で，$a_1, a_2, \cdots, a_k$ が任意の整数であるとき，

$$x \equiv a_1 \pmod{m_1},$$
$$x \equiv a_2 \pmod{m_2},$$
$$\cdots$$
$$x \equiv a_k \pmod{m_k}$$

を満たす x は，$M = m_1 m_2 \cdots m_k$ を法として唯一つ存在する．

証明．まず存在を示す．

$$M = m_1 M_1 = m_2 M_2 = \cdots = m_k M_k$$

で M_i を定義すれば $M_i t_i \equiv 1 \pmod{m_i}$ の解 t_i が存在する．

$$x \equiv a_1 M_1 t_1 + a_2 M_2 t_2 + \cdots + a_k M_k t_k \pmod{M}$$

が求めるものである．次に一意性を示す．x' を別の解とすると，$x - x' \equiv 0 \pmod{m_i}$ が各 i で成り立つので，$x - x'$ は $M = m_1 m_2 \cdots m_k$ で割り切れる．

練習問題 1.6. $x \equiv 2 \pmod{3}$，$x \equiv 3 \pmod{5}$ のとき，15 を法とするこの連立合同方程式の解を求めよ．

解．$5t_1 \equiv 1 \pmod{3}$ の解は 2，$3t_2 \equiv 1 \pmod{5}$ の解は 2，従って $2 \times 5 \times 2 + 3 \times 3 \times 2 = 38 \equiv 8 \pmod{15}$ が求めるものとなる．実際 8 を 3 で割ると 2 余り，8 を 5 で割ると 3 余る．

このように, なんかややこしい定理があったら実際にいじってみるのが一番いい. 実際に数字をいじっていると机上の空論でないことがよくわかるであろう. しかも数字をいじくるのにお金はかからないから, ただで遊べるのである.

2 Eulerの函数

自然数 $1, 2, \cdots, n$ の中で, n と互いに素となる数の個数を $\varphi(n)$ で表し, Euler の函数と呼ぶ. 例えば $\varphi(4)$ は 1 と 3 が 4 と互いに素なので $\varphi(4) = 2$ となる.

練習問題 2.1. $\varphi(1)$ から $\varphi(10)$ までを求めよ.

さて p が素数なら, $1, 2, \cdots, p-1$ が p と互いに素なので $\varphi(p) = p-1$ である. さらに $\varphi(p^e) = p^e - p^{e-1}$ である. なぜなら 1 から p^e までの整数のうち p^e と互いに素でないものは p で割り切れるものであるから, それは $1p, 2p, 3p, \cdots, p^{e-1}p$ の p^{e-1} 個であるからである.

定理 2.2. $(a, b) = 1$ のとき $\varphi(ab) = \varphi(a)\,\varphi(b)$.

いまこの定理をいったん認める. $n = p_1^{a_1} p_2^{a_2} \cdots p_k^{a_k}$ を n の素因数分解とすると,

$$\begin{aligned}
\varphi(n) &= \varphi(p_1^{a_1}) \cdots \varphi(p_k^{a_k}) \\
&= (p_1^{a_1} - p_1^{a_1-1}) \cdots (p_k^{a_k} - p_k^{a_k-1}) \\
&= p_1^{a_1} p_2^{a_2} \cdots p_k^{a_k} \left(1 - \frac{1}{p_1}\right)\left(1 - \frac{1}{p_2}\right) \cdots \left(1 - \frac{1}{p_k}\right) \\
&= n \left(1 - \frac{1}{p_1}\right)\left(1 - \frac{1}{p_2}\right) \cdots \left(1 - \frac{1}{p_k}\right)
\end{aligned}$$

となる. よって

定理 2.3. $n = p_1^{a_1} p_2^{a_2} \cdots p_k^{a_k}$ のとき

$$\varphi(n) = n \left(1 - \frac{1}{p_1}\right)\left(1 - \frac{1}{p_2}\right) \cdots \left(1 - \frac{1}{p_k}\right)$$

を得る.

練習問題 2.4. $\varphi(15)$ を計算せよ.

解答. $\varphi(15) = 15\left(1 - \frac{1}{3}\right)\left(1 - \frac{1}{5}\right) = 8$.
(実際に $1, 2, 4, 7, 8, 11, 13, 14$ の 8 個の数が 15 と互いに素になっている.)

では, 残された定理のために少し準備をする. $\varphi(m)$ の定義は $1, 2, \cdots, m$ の中に m と互いに素なものが何個あるかということであったが, $a \equiv a' \pmod{m}$ のとき $(a, m) = 1$ と $(a', m) = 1$ は同値である. 従って m を法とする同値類と m が互いに素ということの意味が定まる.

定義 2.5. $x_1, x_2, \cdots, x_{\varphi(m)} \in \mathbb{Z}$ が m を法とする既約剰余系であるとは, x_i ($1 \leq i \leq \varphi(m)$) の同値類が, m と互いに素なものを尽くす, と定める. (重複はあり得ないことに注意.)

例. $1, 3$ は 4 を法とする既約剰余系であるが, $-1, 13$ もそうである.

それでは $(a, b) = 1$ のとき $\varphi(ab) = \varphi(a)\varphi(b)$ を証明しよう. $\alpha_1, \cdots, \alpha_{\varphi(a)}$ を a を法とする既約剰余系として, $\beta_1, \cdots, \beta_{\varphi(b)}$ を b を法とする既約剰余系とする.

$$\gamma_{i,j} \equiv \alpha_i \pmod{a}, \quad \gamma_{i,j} \equiv \beta_j \pmod{b} \quad (1 \leq i \leq \varphi(a), \ 1 \leq j \leq \varphi(b))$$

の解 $\gamma_{i,j} \in \mathbb{Z}/(ab)$ が各 (i, j) に対して一つ定まる. $\gamma_{i,j}$ は ab と互いに素であることに注意する. 逆に, $(\gamma, ab) = 1$ なら $(\gamma, a) = 1$, $(\gamma, b) = 1$ であるから, $\gamma \equiv \alpha_i \pmod{a}, \gamma \equiv \beta_j \pmod{b}$ という (i, j) が存在する. 従って $\gamma_{i,j}$ が ab を法とする既約剰余系となり, それは $\varphi(a)\varphi(b)$ 個ある. よって $\varphi(ab) = \varphi(a)\varphi(b)$.

例. $a = 3, b = 5$ のとき. $\alpha = 1, 2, \beta = 1, 2, 3, 4, \gamma = 1, 2, 4, 7, 8, 11, 13, 14$.

さて, n の任意の約数を d とするとき, $1, 2, \cdots, n$ の中に $(x, n) = d$ である x はいくつあるか考える. $x = dx', n = dn'$ と置けば, $(x, n) = d$ は $(x', n') = 1$ と同値であるので, この数は $\varphi(n')$ 個, すなわち $\varphi(n/d)$ である. $d_1, d_2, \cdots, d_k$ を d を全ての約数とすると $(x, n) = d_i$ となる x の個数は $\varphi(n/d_i)$ 個であり, $\varphi(n/d_1) + \varphi(n/d_2) + \cdots + \varphi(n/d_k) = n$ となる. n/d_i は i が動くとき, n の約数の全てをわたる. よって次を得る.

定理 2.6.
$$\sum_{d|n} \varphi(d) = n.$$

ここで d は n の約数すべてをわたる.

例. $n = 15$ のとき. $\varphi(1) + \varphi(3) + \varphi(5) + \varphi(15) = 1 + 2 + 4 + 8 = 15$.
このように実際試すと本当にぴったりそうなる. 嘘のような真.

この性質は $\varphi(n)$ の特徴づけになっている: もし $\psi(n)$ が $\mathbb{N}$ から $\mathbb{Z}$ への写像で (このような函数を整数論的函数と呼ぶ), $\sum_{d|n} \psi(d) = n$ が任意の n について成り立つならば, $\psi(n) = \varphi(n)$ となる.

この事実をより一般化して考察する. $F(n), G(n)$ を整数論的函数として $\sum_{d|n} F(d) = G(n)$ が任意の n で成り立っているならば, $F(n)$ は $G(n)$ によって一意に定まることをみる.

一つ例を見ておこう. $n = 15$ のとき $d = 1, 3, 5, 15$ であり,

$$\begin{aligned} F(1) &= G(1), \\ F(1) + F(3) &= G(3), \\ F(1) \phantom{{}+ F(3)} + F(5) &= G(5), \\ F(1) + F(3) + F(5) + F(15) &= G(15). \end{aligned}$$

これらの等式に $1, -1, -1, 1$ を順にかけて加えれば,

$$F(15) = G(1) - G(3) - G(5) + G(15)$$

となり確かに $F(15)$ の値は $G(n)$ の情報のみで定まっている.

これを見れば,「どうしてそうなるの？」という気持ちになるのが自然だ. そしてその気持ちが沸き起こっているときが最も証明を理解しやすいときなのだ. あなたの心が開いているのだから.

さて, このことをみるために Möbius[*1] の函数 $\mu(n)$ というものを導入する. まず
$$\mu(1) = 1$$

[*1] メービウスと読む. 昔そんな名前のパソコンがなかったっけ?

と定義する．そして n が素数の平方で割り切れるとき
$$\mu(n) = 0,$$
最後に n が k 個の相異なる素数の積となるとき
$$\mu(n) = (-1)^k$$
と定義する．

例． $\mu(1) = 1$, $\mu(2) = -1$, $\mu(3) = -1$, $\mu(4) = 0$, $\mu(5) = -1$, $\mu(6) = 1$, $\mu(7) = -1$, $\mu(8) = 0$.

定理 2.7. $n > 1$ ならば $\sum_{d|n} \mu(d) = 0$.

証明．$n > 1$ であるから $n = p_1^{e_1} p_2^{e_2} \cdots p_k^{e_k}$ を素因数分解とすると，
$$\sum_{d|n} \mu(d) = \sum_{x} \mu(p_1^{x_1} p_2^{x_2} \cdots p_k^{x_k}).$$
(ここで $0 \leq x_i \leq e_i$ の範囲をわたる．) この和の項の中で 0 になるものを除けば，
$$\begin{aligned}
\sum_{d|n} \mu(d) &= \mu(1) + \{\mu(p_1) + \mu(p_2) + \cdots + \mu(p_k)\} \\
&\quad + \{\mu(p_1 p_2) + \mu(p_1 p_3) + \cdots + \mu(p_{k-1} p_k)\} \\
&\quad + \cdots \\
&\quad + \mu(p_1 p_2 \cdots p_k) \\
&= 1 - k + \binom{k}{2} - \binom{k}{3} + \cdots + (-1)^k \\
&= (1-1)^k = 0.
\end{aligned}$$

次に Möbius 函数を用いて上記の問題に解答を与える．

定理 2.8. $\sum_{d|n} F(d) = G(n)$ ならば，$F(n) = \sum_{d|n} \mu(\frac{n}{d}) G(d)$ となる．

証明．$\sum_{d|n} \mu(\frac{n}{d}) G(d) = \sum_{d|n} \sum_{\delta|d} \mu(\frac{n}{d}) F(\delta)$. $\delta' = n/d$ とおいてこの和の順序を書きかえ，各 δ ごとにまとめていくと，δ' は $\delta' | \frac{n}{\delta}$ を満たす範囲で動くので
$$= \sum_{\delta|n} \left[F(\delta) \sum_{\delta' | \frac{n}{\delta}} \mu(\delta') \right].$$

括弧内の和のなかで $\frac{n}{\delta} > 1$ となるものは 0 になるのであったから，生きのこるのは $F(n)\,\mu(1)$ のみである．故に

$$\sum_{d|n} \mu\Big(\frac{n}{d}\Big) G(d) = F(n).$$

こうしてみると，Euler の函数 $\varphi(n)$ は $\varphi(n) = \sum_{d|n} \mu\big(\frac{n}{d}\big) d$ となっているのである．

3　1のベキ根

$x^n - 1 = 0$ の解を 1 の n 乗根という．例えば 1 の 3 乗根は

$$1, \quad \omega = \frac{-1+\sqrt{-3}}{2}, \quad \omega^2 = \frac{-1-\sqrt{-3}}{2}$$

である．このうち 1 は 3 乗しなくても 1 だが ω, ω^2 は 3 乗してはじめて 1 になる．一般に 1 の n 乗根は $\exp\big(\frac{2\pi ik}{n}\big)$, $k = 0, 1, \cdots, n-1$ であり $(n, k) = d > 1$ のときは $\frac{2\pi ik}{n} = \frac{2\pi i(k/d)}{n/d}$ なので n/d 乗ですでに 1 になることがわかる．$(n, k) = 1$ のときは n 乗してはじめて 1 になる．このような 1 の n 乗根を原始 n 乗根と呼ぶ．従ってその個数は $0, 1, 2, \cdots, n-1$ の中で n と互いに素になるものの個数だから $\varphi(n)$ 個である．以上をまとめて，

定理 3.1. 1 の n 乗根は $\exp\big(\frac{2\pi ik}{n}\big)$ で与えられ $k \equiv k' \pmod{m}$ のとき $\exp\big(\frac{2\pi ik}{n}\big) = \exp\big(\frac{2\pi ik'}{n}\big)$ となる．$(k, n) = 1$ のときに原始 n 乗根となる．それは $\varphi(n)$ 個ある．

次に原始 n 乗根を根とする多項式を定義する．$\Phi_n(x) = \prod_\eta (x - \eta)$（ここで η は 1 の $\varphi(n)$ 個の原始 n 乗根全体をわたる）とおく[*2]．$\Phi_d(x)$（d は n の約数）を全てかけると，1 の n 乗根がすべて含まれる monic 多項式[*3]となるから

[*2] $\Phi_n(x)$ は円周等分多項式と呼ばれる．
[*3] 最高次の係数が 1

$x^n - 1 = \prod_{d|n} \Phi_d(x)$ となる．ここで再び Möbius 函数を用いると[*4]

$$\Phi_n(x) = \prod_{d|n}(x^d - 1)^{\mu(\frac{n}{d})}$$

となることがわかる．

例．　　$\Phi_1(x) = x - 1$,
$\Phi_2(x) = (x-1)^{\mu(2)}(x^2-1)^{\mu(1)} = (x-1)^{-1}(x^2-1) = x+1$,
$\Phi_6(x) = (x-1)^{\mu(6)}(x^2-1)^{\mu(3)}(x^3-1)^{\mu(2)}(x^6-1)^{\mu(1)}$
$\quad\quad\quad = (x-1)(x^2-1)^{-1}(x^3-1)^{-1}(x^6-1) = x^2 - x + 1$.

p が素数なら，

$\Phi_p(x) = (x-1)^{\mu(p)}(x^p-1) = (x-1)^{-1}(x^p-1) = x^{p-1}+x^{p-2}+\cdots+x^2+x+1$

である．

　　円周等分多項式なんか導入していいことあるの？　と思われる方もいるかもしれないが，これがなかなか役にたつ味なやつなのである．信じなさい，信じなさい．

4　Fermat の小定理

　　ここで整数論で欠かせない Fermat の小定理を扱う[*5]．$(a, m) = 1$ とする．$x_1, x_2, \cdots, x_{\varphi(m)}$ を $\mathbb{Z}/(m)$ の一つの既約剰余系とする．このとき $ax_1, ax_2, \cdots, ax_{\varphi(m)}$ も一つの既約剰余系となる．$ax_1, ax_2, \cdots, ax_{\varphi(m)}$ は全体において一つずつ $x_1, x_2, \cdots, x_{\varphi(m)}$ と m を法として合同であるから，$a^{\varphi(m)}x_1x_2\cdots x_{\varphi(m)} \equiv x_1x_2\cdots x_{\varphi(m)} \pmod{m}$ となり，$(x_1x_2\cdots x_{\varphi(m)}, m) = 1$ であるから合同式における除法を用いて

$$a^{\varphi(m)} \equiv 1 \pmod{m}$$

[*4] さっきは和であり今度は積であるが，和の記号を積に変え係数の Möbius 函数を指数に変えればよいだけである．疑問に思う読者がいれば直接証明を書くことをお勧めする．

[*5] ただしフェルマーの最終定理ではない．それについては著者の現在の実力ではまったく書くことができない．興味ある方は専門書を読んで欲しい．

を得る．この定理を Euler の定理と呼ぶ．特に m が素数 p のとき $\varphi(p) = p - 1$ であるから，

定理 4.1. $(a, p) = 1$ のとき
$$a^{p-1} \equiv 1 \pmod{p}$$
が成り立つ．

この定理を Fermat の小定理と呼ぶ．

例. $a = 8, p = 7$ のとき $8^6 - 1 = 262143 = 37449 \times 7$.
$a = 10, p = 7$ のとき $10^6 - 1 = 999999 = 7 \times 142857$.

さて $a^{p-1} \equiv 1 \pmod{p}$ であるが $p - 1$ より小さい数 f ですでに $a^f \equiv 1 \pmod{p}$ となることがある[*6]．そのような f の中で最小のものを e としよう．

補題 4.2. $a^f \equiv 1 \pmod{p}$ が成り立つとき，f は e の倍数である．

証明. $f = qe + r$ $(0 \leq r < e)$ と割り算して $0 < r < e$ ならば $a^f = a^{qe+r} = a^r \equiv 1 \pmod{p}$ となり e の最小性に反する．

とくに $p - 1$ は e の倍数，即ち e は $p - 1$ の約数であることがわかる．このような最小指数 e を（p を法とする）a に対応する指数という．

つぎに Fermat の小定理を応用して $4n + 1$ の形の素数[*7]が無限に存在することを示す．まず $x^2 + 1$ の形の数の素因数は 2 または $4n + 1$ の形の素数である．例えば

$1^2 + 1 = 2, 2^2 + 1 = 5, 3^2 + 1 = 10 = 2 \times 5, 4^2 + 1 = 17, 5^2 + 1 = 26 = 2 \times 13$

となる．まずそのことを証明しよう．$x^2 + 1$ が素数 p ($p \neq 2$) で割り切れるとすれば，
$$x^2 + 1 \equiv 0 \pmod{p}.$$

[*6] 例えば $3^3 \equiv 1 \pmod{13}$
[*7] つまり 4 で割って 1 余る素数．5, 13, 17 とか．

すなわち
$$x^2 \equiv -1 \pmod{p}.$$

よって
$$x^4 \equiv 1 \pmod{p}.$$

さらに x に対応する指数は 4 である．もしそうでなければ $x \equiv 1, x^2 \equiv 1$ (mod p) となるので $-1 \equiv 1 \pmod{p}$ となるが $p \neq 2$ よりこれは不可能である．x に対応する指数は 4 であるから $p - 1$ は 4 の倍数である．よって p は $4n+1$ の形の素数である．これを利用して $4n+1$ の形の素数が無限個あることを示す．有限個として矛盾を導こう．$p_1, \cdots, p_k$ を全ての $4n+1$ の形の素数とする．そのとき
$$a = 4(p_1 p_2 \cdots p_k)^2 + 1$$

とおく．a が素数なら $4n+1$ の形で $p_1, p_2, \cdots, p_k$ では割り切れないから新しい $4n+1$ の形の素数であるから矛盾が生じる．もし a が素数でなくてもその素因数の中で $4n+1$ の形をしているものが存在する．そしてそれは $p_1, p_2, \cdots, p_k$ では割り切れない．したがってこれも新しい $4n+1$ の形の素数となり矛盾が生じる．よって $4n+1$ の形の素数は無限個存在しなればならない．

次に任意の $m > 1$ に対して $mt+1$ の形の素数[*8]が無限個存在することを示す．

定理 4.3. 円周等分多項式 $\Phi_m(x)$ に対して，$\Phi(a) \neq \pm 1$ となる整数 a を任意にとる[*9]．このとき $\Phi_m(a)$ の任意の素因数 p は m を割るか $mt+1$ の形の素数である[*10]．とくに a を m の倍数とするとき，素因数 p は必ず $mt+1$ の形である．よって $mt+1$ の形の素数は必ず存在する．

証明． $x^m - 1 = \Phi_m(x) G(x), G(x) \in \mathbb{Z}[x]$ とかける．なぜなら左辺は 1 の m 乗根全てを根とする多項式であり，$\Phi_m(x)$ は 1 の原始 m 乗根全てを根とする

[*8] つまり m で割って 1 余る素数．
[*9] $\Phi(a) = \pm 1$ となる a は有限個しかない
[*10] 前述の $4n+1$ の形の素数で $x^2 + 1$ という多項式が現れたが，これは $\Phi_4(x) = x^2 + 1$ に対応していたのである．

monic 多項式だからである[*11]. よって $\Phi_m(a), G(a)$ はともに整数であるから, $a^m - 1$ は p の倍数, つまり

$$a^m \equiv 1 \pmod{p}$$

である. そこで e を a に対応する指数とすれば m は e の倍数であった:

$$m = ef.$$

(場合 1) $m > e$ のとき. $x^e - 1$ の根が原始 m 乗根となることはないから $x^e - 1$ と $\Phi_m(x)$ は多項式として互いに素である. よって

$$x^m - 1 = (x^e - 1)\Phi(x)_m H(x), \quad H(x) \in \mathbb{Z}[x]$$

となり, 両辺を $x^e - 1$ で割れば,

$$x^{e(f-1)} + x^{e(f-2)} + \cdots + x^e + 1 = \Phi_m(x)H(x)$$

となる. x に a を代入して $a^e \equiv 1 \pmod{p}$ を用いると $f \equiv \Phi_m(a)H(a) \pmod{p}$ となり p は $\Phi_m(a)$ の素因数であったから

$$f \equiv 0 \pmod{p}$$

を得る. 故に p は f の約数となり, $m = ef$ の約数でもある. よってこの場合, p は m の約数であることがわかった.

(場合 2) $e = m$ のとき. m が a に対応する最小指数であるから m は $p - 1$ の約数である. よって $p - 1 = mt$ とかける, 即ち $p = mt + 1$. よってこの場合は p は m で割って 1 余る素数である.

さて $a^m \equiv 1 \pmod{p}$ であったから, a を m の倍数としたとき $(a, p) = 1$ であるから p は m の約数ではありえない. 従って $mt + 1$ の形の素数である.

[*11] monic 多項式は原始多項式であり, 原始多項式は $\mathbb{Z}[x]$ の中で割り算を可能にする. 原始多項式については例えば [1] を参照のこと.

上記の定理を用いると $mt+1$ の形の素数が無限に存在することが証明できる．まず補題により $p = mt+1$ なる素数をとる．すると $\Phi_m(mp)$ の素因数 q は $mps+1$ の形をしている．q も $mt+1$ の形の素数でかつ p より大きい．よって $mt+1$ の形の素数に最大のものがないので，そのような素数は無限に存在する．

当たり前のことを積み重ねてきただけであるが，実に面白い結果に到達した．この辺が萌えなのである．2次元幼女より可愛いのである．おわかりいただけたと思う．

例． 14 で割って 1 余る素数を一つ求めてみよう．
$$\Phi_{14}(x) = x^6 - x^5 + x^4 - x^3 + x^2 - x + 1$$
である．$\Phi_{14}(14) = 7027567$ は素数であり，$7027567 = 14 \times 501969 + 1$ である．素数かどうか気になる方は，例えば素数表を google で探して文字列 7027567 があるかどうかチェックされるとよい．もちろん Mathematica などの素数判定ができる数式ソフトウェアで試してもよい[*12]．

少し数が大きすぎて実感がわかないかもしれないからもう少し小さい数でやってみよう．

例． 6 で割って 1 余る素数を求める．$\Phi_6(x) = x^2 - x + 1$ である．$\Phi_6(6) = 31$．

5 原始根, 指数

p を素数として，$(a,p) = 1$ とするとき Fermat の小定理から $a^{p-1} \equiv 1 \pmod{p}$ である．a に対応する指数が $p-1$ のとき[*13] a を p を法とする原始根と呼ぶ．任意の素数 p に対して原始根は存在することを示そう．a を p と互いに素な任意の整数とする．m を a に対応する指数とする．このとき

[*12] なんでも噂によると google の入社試験の応募に素数判定が必要だったらしく（詳しくは知らないが）情報処理の練習だと思ってやってみるのもアリだと思う．

[*13] つまり $p-1$ の真の約数が指数では 1 と合同にならないとき．

$a^0 = 1, a, a^2, \cdots, a^{m-1}$ は合同式

$$x^m \equiv 1 \pmod{p}$$

の相異なる解である，何故なら $(a^k)^m = (a^m)^k \equiv 1 \pmod{p}$ であるから a^k は $x^m \equiv 1 \pmod{p}$ の解である．$a^h \equiv a^k \pmod{p}$ なら (但し $0 \leq h, k \leq m-1$ とする) $a^{h-k} \equiv 1 \pmod{p}$ となり，$m|(h-k)$ となるから $h = k$ となる．

さて $m = p-1$ ならば a がすでに原始根である．$m < p-1$ ならば m より大きい指数に対応する数が存在することを示す．これが示されれば，指数が $p-1$ に到達するまで指数を大きくしていけば，ついには対応する指数が $p-1$ に到達することがわかる．$a^0, a, a^2, \cdots, a^k$ のどれとも合同でない整数 b をとる．b に対応する指数を n とする ($n > 1$)．

(場合 1) $(m, n) = 1$ ならば ab は指数 mn に対応する．何故なら $(ab)^{mn} = (a^m)^n (b^n)^m \equiv 1 \pmod{p}$. また逆に $(ab)^x \equiv 1 \pmod{p}$ とすれば $(ab)^{xm} \equiv 1$. 仮定によって $a^m \equiv 1$, 故に $b^{xm} \equiv 1 \pmod{p}$, 従って xm は n の倍数である．$(m, n) = 1$ によって x は n の倍数である．同様に $(ab)^{xn}$ から x は m の倍数となり，x は mn の倍数となる．よって ab は指数 mn に対応する．すなわち ab は m より大きい指数に対応する．

(場合 2) $(m, n) = d > 1$ ならば m, n の最小公倍数を l とするとき，$l = mn/d = m_0 n_0$ と置いて，$m_0|m$, $n_0|n$, $(m_0, n_0) = 1$ となるようにできる[*14]．a^{m/m_0} は指数 m_0 に対応して，b^{n/n_0} は指数 n_0 に対応するから，場合 1 によりその積 $a^{m/m_0} b^{n/n_0}$ は指数 $m_0 n_0 = l$ に対応する．n が m の約数ならば $b^m \equiv 1 \pmod{p}$ となり b は $x^m \equiv 1 \pmod{p}$ の解となるがこれは b の選び方に反する．よって n は m の約数ではなく $l > m$ となり m より大きい指数に対応する数 $a^{m/m_0} b^{n/n_0}$ が得られた．

例．$p = 41$ のときの原始根を一つ求めてみよう．$a = 2$ から出発する．2 のベキではじめて 41 を法として 1 と合同になるのは 2^{20} である．つまり 2 に対応す

[*14] 例えば $m = 2^5 \times 3 \times 7$, $n = 2^2 \times 3^4 \times 7$ ならば $m_0 = 2^5 \times 7$, $n_0 = 3^4$ ととればよい．一般の場合の証明はこのやりかたを抽象一般化すればよい．興味のあるかたは練習問題としてやってみられるとよいかもしれない．

る指数は 20 である. そこで 2 のベキのなかに含まれない数をひとつ選ぶ. ここでは $b=3$ を選ぶ. 3 は指数 8 に対応する. 20 と 8 の最小公倍数は 40 であり $m_0 = 5, n_0 = 8$ とすれば, $2^{\frac{20}{5}} = 2^4, 3^{\frac{8}{8}} = 3$ であり $2^4 \times 3 = 48 \equiv 7$ は指数 40 に対応する. つまり 7 は原始根である.

さて以上のことを要約して

定理 5.1. 素数 p を法とする原始根が存在する. r をその一つとすれば

$$1, r, r^2, \cdots, r^{p-2}$$

は p を法とする既約剰余系の一組である.

r を p の原始根の一つとすれば $(a,p) = 1$ なる任意の整数 a に対して

$$r^k \equiv a \pmod{p}$$

なる k が $\mathbb{Z}/(p-1)$ の元として一意に定まる. この k を r を底とする a の指数 (index) と呼び, 次のようにあらわす:

$$\mathrm{Ind}_r(a) = k.$$

この等式は $\mathbb{Z}/(p-1)$ での等式であることに注意する. 底 r を省略して $\mathrm{Ind}(a) = k$ とも書く. 指数は通常の log に対応するものである.

練習問題 5.2. $\mathrm{Ind}(ab) = \mathrm{Ind}(a) + \mathrm{Ind}(b)$.

解答. $a = r^k, b = r^l$ なら $ab = r^{k+l}$. よって $\mathrm{Ind}(ab) = k + l = \mathrm{Ind}(a) + \mathrm{Ind}(b)$.

さてこの指数にはいろいろな応用があるのだが, ここで述べることは出来ない[15]. 詳しく知りたい方は [2] を見られるとよい.

指数の理論から, 次のような強力な定理が得られる.

---

[15] 同人誌には締め切りというものがある!

定理 5.3. p は素数, $(a,p) = 1$ とする. $f = \frac{p-1}{(n,p-1)}$ とおく, このとき合同方程式

$$x^n \equiv a \pmod{p}$$

が解をもつ必要十分条件は

$$a^f \equiv 1 \pmod{p}$$

である.

証明. $x^n \equiv a \pmod{p}$ が解をもつことと両辺に Ind を施した式 $n \cdot \text{Ind}(x) \equiv \text{Ind}(a) \pmod{p-1}$ が解をもつことは同値である. いま $e = (n, p-1)$ とすればこの合同方程式が解をもつ必要十分条件は $\text{Ind}(a)$ が e で割り切れることであった（定理 1.4 参照）. $\text{Ind}(a) = eq$ とおけば r を底とするとき

$$a \equiv r^{eq} \pmod{p}$$

であるから

$$a^f \equiv r^{efq} = r^{(p-1)q} \equiv 1 \pmod{p}$$

となる.

逆に $a^f \equiv 1 \pmod{p}$ ならば $r^{f \cdot \text{Ind}(a)} \equiv 1 \pmod{p}$. 故に $f \cdot \text{Ind}(a)$ は $p-1 = ef$ で割り切れるから, $\text{Ind}(a)$ は e で割り切れる. よって与えられた合同方程式は解をもつ.

合同式 $x^n \equiv a \pmod{p}$ が解をもつか持たないかにしたがって, a を p の n ベキ剰余または p の n ベキ非剰余という.

6　平方剰余, Legendre の記号, Euler の規準

この節においては p は 2 以外の素数とする. $x^2 \equiv a \pmod{p}$ が解をもつとき a を p の平方剰余, そうでないとき平方非剰余であると呼ぶ. $a \equiv 0 \pmod{p}$ でないとき, a が平方剰余であるか平方非剰余であるかにしたがって $\left(\frac{a}{p}\right) = 1$ または $\left(\frac{a}{p}\right) = -1$ と定める[*16]. この記号を Legendre の記号という. 横線の下は奇素

[*16] これは有限群 $\mathbb{Z}/(p)$ の 1 次元表現である. 有限群の線型表現について詳しく知りたいかたは [3] を見られるとよいと思う.

数であり，上は p では割り切れない整数である．さて先の定理から $\mathrm{Ind}(a)$ が偶数，奇数にしたがって $\left(\frac{a}{p}\right) = 1, -1$ であるから，

$$\left(\frac{a}{p}\right) = (-1)^{\mathrm{Ind}(a)}$$

となる．

補題 6.1. $a \equiv a' \pmod{p}$ ならば $\left(\frac{a}{p}\right) = \left(\frac{a'}{p}\right)$．

証明．$\mathrm{Ind}(a) \equiv \mathrm{Ind}(a') \pmod{p-1}$ で $p-1$ は偶数であるから偶奇は一致する．

補題 6.2. $\left(\frac{a_1 a_2 \cdots a_k}{p}\right) = \left(\frac{a_1}{p}\right)\left(\frac{a_2}{p}\right)\cdots\left(\frac{a_k}{p}\right)$．

証明．
$$\begin{aligned}\left(\frac{a_1 a_2 \cdots a_k}{p}\right) &= (-1)^{\mathrm{Ind}(a_1)+\mathrm{Ind}(a_2)+\cdots+\mathrm{Ind}(a_k)} \\ &= (-1)^{\mathrm{Ind}(a_1)}(-1)^{\mathrm{Ind}(a_2)}\cdots(-1)^{\mathrm{Ind}(a_k)} \\ &= \left(\frac{a_1}{p}\right)\left(\frac{a_2}{p}\right)\cdots\left(\frac{a_k}{p}\right).\end{aligned}$$

次の定理を Euler の規準と呼ぶ．

定理 6.3. $\left(\frac{a}{p}\right) \equiv a^{\frac{p-1}{2}} \pmod{p}$．

証明．定理 5.3 より a が平方剰余であるための必要十分条件は $a^{\frac{p-1}{2}} \equiv 1 \pmod{p}$ である．故に $\left(\frac{a}{p}\right) = 1$ ならば $a^{\frac{p-1}{2}} \equiv 1 \pmod{p}$. また $\left(\frac{a}{p}\right) = -1$ なら $a^{\frac{p-1}{2}} \equiv 1 \pmod{p}$ でない．Fermat の小定理から $(a^{\frac{p-1}{2}})^2 \equiv 1$ であるから $a^{\frac{p-1}{2}} \equiv -1 \pmod{p}$. よって証明が終了する．

7 平方剰余の相互法則

与えられた整数 a がいかなる素数 p の平方剰余であるか，あるいは否かという問題は，古典的整数論において基本的である．

定理 7.1. p, q を相異なる奇素数とすれば

$$\left(\frac{p}{q}\right)\left(\frac{q}{p}\right) = (-1)^{\frac{p-1}{2} \cdot \frac{q-1}{2}}, \tag{1}$$

$$\left(\frac{-1}{p}\right) = (-1)^{\frac{p-1}{2}}, \tag{2}$$

$$\left(\frac{2}{p}\right) = (-1)^{\frac{p^2-1}{8}}. \tag{3}$$

(1) を平方剰余の相互法則, (2) を第一補充法則, (3) を第二補充法則という.

定理の意味を説明する. p が $4n+1$ の形の素数のとき $\frac{p-1}{2}$ は偶数であり, p が $4n+3$ の形の素数のとき $\frac{p-1}{2}$ が奇数である. よって (1) は, p, q の少なくとも一つが $4n+1$ の形の素数ならば $\left(\frac{p}{q}\right)$ と $\left(\frac{q}{p}\right)$ は同符号であり, 両方とも $4n+3$ の形の素数のときのみ反対符号であることを意味する.

(2) の意味は, p が $4n+1$ のとき $x^2 \equiv -1 \pmod{p}$ は解をもち, $4n+3$ の形のときは解をもたない, ということである.

(3) の意味は, p が $8n \pm 1$ のとき $x^2 \equiv 2 \pmod{p}$ は解をもち, $8n \pm 5$ のときは解をもたない, ということである.

この三つの法則があれば原理的にすべての $\left(\frac{a}{p}\right)$ が計算できる.

例.
$$\begin{aligned}
\left(\frac{17}{23}\right) &= \left(\frac{23}{17}\right) & &(17 \equiv 1 \pmod 4 \text{ から}) \\
&= \left(\frac{6}{17}\right) & &(23 \equiv 6 \pmod{17} \text{ から}) \\
&= \left(\frac{2}{17}\right)\left(\frac{3}{17}\right) & & \\
&= (+1)\left(\frac{3}{17}\right) & &(\text{第二補充法則から}) \\
&= \left(\frac{17}{3}\right) & &(17 \equiv 1 \pmod 4 \text{ から}) \\
&= \left(\frac{2}{3}\right) & &(17 \equiv 2 \pmod 3 \text{ から}) \\
&= -1. & &(\text{第二補充法則から})
\end{aligned}$$

よって $x^2 \equiv 17 \pmod{23}$ に解はない.

このように定理 7.1 は非常に強力である.

さて不思議と気分が高揚してきたであろう. それもそのはず, Gauss は 6 通りの違った証明を与えるほどこの定理を愛していた. 我々もまたこの深淵なる気高きこの定理をみて身震いをするのは当然のことである. 読者諸賢はまさにヱヴァンゲリヲン・破のクライマックス, 「綾波を返せ！」の状態にあるであろう.

では証明を始めよう. これがこの本の最後の証明である.

まず Gauss の予備定理と呼ばれるものからはじめよう.

定理 7.2. a が p で割り切れないならば,

$$1a,\ 2a,\ 3a,\ \cdots,\ \frac{p-1}{2}a$$

を p で割るときの剰余（剰余 r は $0 \leq r < p$ にとる）の中に, $\frac{p}{2}$ よりも大きいものが n 個あるとすれば

$$\left(\frac{a}{p}\right) = (-1)^n$$

が成り立つ.

証明の前に実験してみよう. $a = 3, p = 11$ としよう. $3, 6, 9, 12, 15$ の中で $\frac{p}{2} = 5.5$ より大きい数は $6, 9, 12, 15$ の 4 つなので n は $n = 4$. $\left(\frac{3}{11}\right) = (-1)^4 = 1$ が定理の主張することである. 実際 $x^2 \equiv 3 \pmod{11}$ は $x = 5$ で解をもつ.

証明. ある数 m を p で割った剰余が $\frac{p}{2}$ よりも大きければ, その剰余から p を引けば絶対値において $\frac{p}{2}$ より小さい負の剰余を得る. ここで一般に整数を 0 でない整数 l で割った剰余 r を $|r| \leq \frac{l}{2}$ ととることを絶対値剰余をとるといい, その剰余を絶対値剰余と呼ぶことにする. p を法とする $1a, 2a, 3a, \cdots, \frac{p-1}{2}a$ の絶対値剰余は $\pm 1, \pm 2, \pm 3, \cdots, \pm \frac{p-1}{2}$ の中にあるが, 重複して出てくることもなければ, 絶対値が同じで符号だけことなるものも出てこない. 何故ならばどの二つの数の差と和も p では割り切れないからである. よって絶対値剰余は, 絶対値においては $1, 2, 3, \cdots, \frac{p-1}{2}$ に等しくそのうち負になるものの数を n とおいたのであ

る．よって
$$1a \times 2a \times \cdots \times \frac{p-1}{2}a \equiv (-1)^n \times 1 \times 2 \times \cdots \times \frac{p-1}{2} \pmod{p}$$
となり従って
$$a^{\frac{p-1}{2}} \equiv (-1)^n$$
となる．一方で Euler の規準から
$$\left(\frac{a}{p}\right) \equiv a^{\frac{p-1}{2}} \pmod{p}$$
となる．$\left(\frac{a}{p}\right)$ も $(-1)^n$ も ± 1 に等しく p は奇数であるから
$$\left(\frac{a}{p}\right) = (-1)^n$$
を得る．

　ガウスの予備定理を用いて，平方剰余の相互法則の証明を始める．第一補充法則を示す．Euler の規準から $\left(\frac{-1}{p}\right) \equiv (-1)^{\frac{p-1}{2}} \pmod{p}$ であり p は奇数であるから $\left(\frac{-1}{p}\right) = (-1)^{\frac{p-1}{2}}$．

　次に第二補充法則を示す．ガウスの予備定理で $a = 2$ とすれば，$\left(\frac{2}{p}\right) = (-1)^n$ である．ここで n は $2, 4, 6, \cdots, p-5, p-3, p-1$ の中で $\frac{p}{2}$ よりも大きいものの個数であり，その偶奇がわかればよい．

　さて，数直線を引いて考えればわかるとおり $\frac{p}{2}$ よりも大きく p より小さい偶数の個数 n は $\frac{p}{2}$ より小さい正の奇数の個数と等しい．これらの奇数たちについて，その個数と総和の偶奇は一致する．さらに，総和をとる際に偶数を加えても偶奇が不変であることに注意すれば，結局 $\frac{p}{2}$ より小さい正整数の総和と n の偶奇が一致することがわかる．つまり，$n \equiv 1+2+3+\cdots+\frac{p-1}{2} = \frac{1}{2} \cdot \frac{p-1}{2} \cdot \left(1+\frac{p-1}{2}\right) = \frac{p^2-1}{8}$ $\pmod{2}$．よって $\left(\frac{2}{p}\right) = (-1)^n = (-1)^{\frac{p^2-1}{8}}$ となる．

　最後に相互法則そのものを証明する．ここでは格子を使った証明をする．xy 平面上に x 座標が整数の y 軸に平行な直線をすべて引き，y 座標が整数の x 軸に平行な直線をすべて引く．こうしてできる図形を格子といい，これらの直線たちが交わる点を格子点という．図 1 を見よ．この図の格子において，x 軸上に

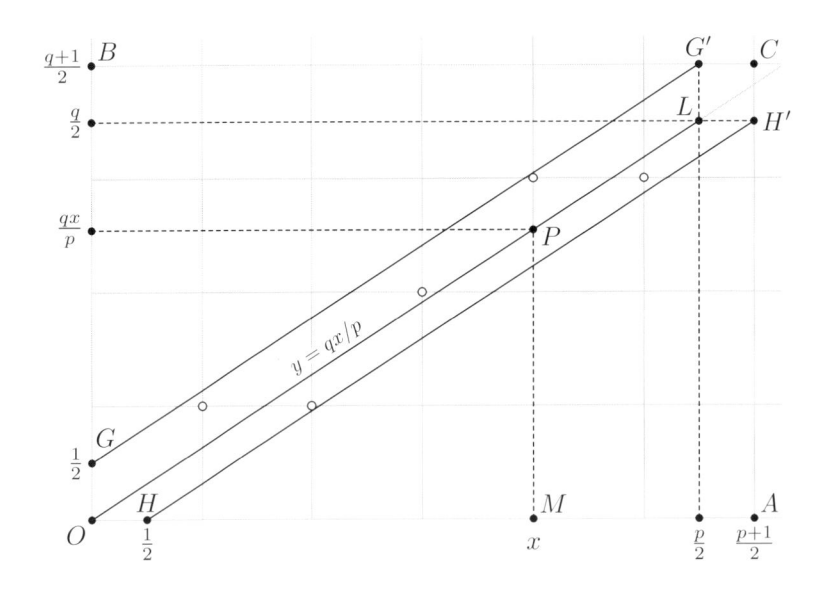

図1 格子

$OA = \frac{p+1}{2}$ を, y 軸上に $OB = \frac{q+1}{2}$ をとり, 長方形 $OACB$ の内部の格子点を考察する. いま直線 $y = \frac{q}{p}x$ をとり図のように点 $L(\frac{p}{2}, \frac{q}{2})$ をとる. $M(x,0)$ を通り y 軸に平行な直線と直線 OL が交わる点を $P(x, \frac{qx}{p})$ とする. ここで x は自由に動ける変数とする.

さて $x = 1, 2, \cdots, \frac{p-1}{2}$ とするとき qx を p で割った剰余が $\frac{p}{2}$ よりも大きくなるのは, $\frac{q}{p}x$ の分数部分が $\frac{1}{2}$ より大きいときで, 即ち P を通る y 軸に平行な直線上で p から $\frac{1}{2}$ 以内の距離にある格子点が OL の上側にあるときに限る. よって $\left(\frac{q}{p}\right) = (-1)^n$ おける n は OL とそれを y 軸の正の向きに $\frac{1}{2}$ だけ平行移動した CG' とにはさまれる平行四辺形 $OGG'L$ の内部にある格子点の数である. 読者の方は鉛筆で薄くその領域を塗られるがよい.

同様に $\left(\frac{p}{q}\right) = (-1)^m$ における m は OL とそれを x 軸の正の向きに $\frac{1}{2}$ だけ平行移動した HH' とにはさまれる平行四辺形 $OHH'L$ の内部にある格子点の数である. 再び読者はその領域を後で消しゴムで消せるくらいに薄くその領域をそっと塗られるがよい. 結局 $\left(\frac{p}{q}\right)\left(\frac{q}{p}\right) = (-1)^{n+m}$ における $n+m$ はこれら二つ

の平行四辺形の内部にある格子点の数である．ここで鉛筆で薄く塗りながら気がついたはずである．$C(\frac{p+1}{2}, \frac{q+1}{2})$ を一つの頂点とする正方形 $CG'LH'$ を鉛筆で塗った領域に付け加えて六角形 $OGG'CH'H$ を作ってもその内部の格子点の数に変化はないということを．よって $n+m$ はこの六角形の内部の格子点の数である[*17]．六角形にすることで次のように対称性が発生する．

OC の中点 $(\frac{p+1}{4}, \frac{q+1}{4})$ はこの六角形の対称の中心で，格子点たちもこの点に関して対称に分布している．よって $n+m$ の偶奇は $(\frac{p+1}{4}, \frac{q+1}{4})$ が格子点であるか否かによって決定される．この中心が格子点でなければ全体の格子点は偶数個あり，中心が格子点であれば全体の格子点は奇数個となる．

よって $\frac{p+1}{4}, \frac{q+1}{4}$ がともに整数であるときに限り，すなわち p, q がともに $4m+3$ の形の素数であるときに限り $n+m$ は奇数である．このときに限り $\left(\frac{p}{q}\right)\left(\frac{q}{p}\right) = -1$．それ以外の場合では $\left(\frac{p}{q}\right)\left(\frac{q}{p}\right) = 1$．これで全て証明が終わる．

お疲れ様でした．

練習問題 7.3. a を読者の生まれた日の日付とせよ．$x^2 \equiv a \pmod{673}$ が解をもつか否か決定せよ．

■あとがき

この本は 2010 年にでた初版の改訂版である．もう 15 年もたっている．幸いなことに好評だったらしく（特に前書きが評判になったようである）再版の運びとなった．著者はこの当時かなり苦境にあって精神的にも極限まで追い詰められていたのだが，色々な人の助けにより最近ではかなり回復してきている．当時はニートのような生活をしていたが，現在では家庭教師と塾講師をすることで生計を立てることができている．この 15 年支えになったのはやはり数学であった．論文を書きたい，世の中に貢献したいという気持ちが何よりの希望であった．まだまだ数学の修行途中であるが解きたい問題は定まっているのでそこに向かって集

[*17] 境界線上の点は数えないことに注意しよう．図 1 では $(4, 3)$ が境界線上の格子点に見えるかもしれないがそれは違う．GG' は $(4, 3)$ の少し上を通っていることに注意せよ．

中している．何はともあれ，この本がさまざまな人の楽しみになれば良いと願っている．

以下は初版の後書きである．

この本は著者が今年（2010 年）のお正月に [2] を読み，その感動のあまり書かれたものである．自分用のまとめノートとしても意味がある．同人誌であるから気楽に書けたが，締め切りギリギリまで書き始めないという著者の悪い癖がでて，暗黒通信団の方には大変な迷惑をかけてしまった．整数論には様々な宝石のような定理があるので，是非 [2] を読み進めていただきたいと思う[*18]．さらに進みたければ [5] を読んでほしい．また整数論をやるとガロア理論が必要になるので，[6] で入門するとよいと思う．その際に群論の知識もあったほうがよいので [7] を一つの入門書としてお勧めする．それではまた会うときまでさようなら．今現在（2010 年 6 月）次の本も執筆しています．また楽しい本を書くので期待して待っててね！

参考文献

[1] 藤崎源二郎 著，『体とガロア理論』，岩波基礎数学選書，岩波書店，1991．

[2] 高木貞治 著，『初等整数論講義』第 2 版，共立出版，1971．

[3] J.-P. セール 著，岩堀長慶，横沼健雄 訳，『有限群の線型表現』，岩波書店，1974．

[4] 高木貞治 著，『代数学講義』改訂新版，共立出版，1965．

[5] 高木貞治 著，『代数的整数論』第 2 版，岩波書店，1971．

[6] エミール・アルティン 著，寺田文行 訳，『ガロア理論入門』，ちくま学芸文庫，筑摩書房，2010．

[7] 鈴木通夫 著，『群論』上，岩波書店，1977．下，岩波書店，1978．

[*18] [4] はこの本と姉妹作であり，先に書かれたものである．ガロア理論を学ぶ前に 5 次方程式の代数的解法の不可能性を学んでおくとよいかも知れない．高校生のうちに読んでおくとなおよし．

■著者について

　著者は現在（2025年1月），子供部屋おじさんをやりながら数学を研究している．仕事はオンライン家庭教師がメインであるのでほとんど家から出ない．必要なものはAmazonで買っているのでますます家から出ない．世間的には単なる非正規労働者かつ弱者男性であるが，論文を書くことが人生の目標なので，まあいいかと思っている．政府の陰謀に乗っかって新NISAなんかもやっている．要は研究をしていなかったら，FIREを目指すどこにでもいる子供部屋おじさんなのである．初版から15年で変わったことといえばWindows使いからMac使いに変わったことがある．Macの魅力にとりつかれたらもうWindowsには戻れない．ちなみに株で勝ったお金をMac ProとApple Vision Proにつぎ込むという情弱ぶりである．今年から無駄遣いをやめてFIREを目指す予定である．最終目標は株の配当金で暮らしながら研究するという生活スタイルである．

整数論のための前菜 (せいすうろんのためのぜんさい)

2010年　3月31日　初版　発行
2010年　8月15日　改訂版　発行
2012年　5月30日　改訂2刷　発行
2012年11月30日　改訂3刷　発行
2015年　5月30日　参考文献修正版　発行
2025年　2月28日　第3版　発行

著　者　Projective X（ぷろじぇくてぃぶえっくす）
発行者　星野 香奈（ほしの かな）
発行所　同人集合 暗黒通信団（https://ankokudan.org/d/）
　　　　〒277-8691 千葉県柏局私書箱54号 D係
本　体　300円／ISBN978-4-87310-126-2 C0041

乱丁落丁等がありましたら在庫がある限り交換いたします．
ご指摘など大歓迎です．

© Copyright 2010–2025 暗黒通信団　　　Printed in Japan